TABLETTES

DE

L'INVENTEUR

ET DU

BREVETÉ

PAR

CH. THIRION

INGÉNIEUR CIVIL

APPENDICE

A PARIS, CHEZ L'AUTEUR

A L'OFFICE INDUSTRIEL DES BREVETS D'INVENTION

95, BOULEVARD BEAUMARCHAIS, 95

ET CHEZ LES PRINCIPAUX LIBRAIRES

1873

TABLETTES
DE L'INVENTEUR
ET
DU BREVETÉ

APPENDICE

1873

1873

TABLETTES DE L'INVENTEUR
ET DU BREVETÉ

APPENDICE.

Les tableaux synoptiques et comparatifs des législations française et étrangères sur les brevets d'invention, qui accompagnent les *Tablettes de l'inventeur et du breveté,* ayant été clichés lors de l'impression de cet ouvrage, nous n'avons pu, lors de la deuxième édition, y introduire les modifications nécessitées par les changements survenus dans plusieurs législations étrangères.

Nous indiquons donc ces diverses modifications dans cet appendice, destiné à accompagner et à compléter chaque volume des *Tablettes de l'inventeur et du breveté.*

ALSACE-LORRAINE.

Les questions relatives aux brevets d'invention, résultant de l'annexion de l'Alsace-Lorraine à l'Allemagne, ont été réglées par les articles suivants du traité de Francfort :

« Art. 10. — Les individus originaires des territoires cédés ayant opté pour la nationalité allemande, qui ont obtenu du gouvernement français, avant le 2 mars 1871, la concession d'un brevet d'invention ou d'un certificat d'addition, continueront à jouir de leurs brevets dans toute l'étendue du territoire français, en se conformant aux lois et règlements qui régissent la matière. Réciproquement, tout concessionnaire d'un brevet d'invention ou d'un certificat d'addition accordé par le gouvernement français avant la même date, continuera jusqu'à l'expiration de la durée de la concession, à jouir pleinement des droits qu'il lui donne, dans toute l'étendue des territoires cédés. »

Le protocole de clôture contient les déclarations suivantes, qui complètent l'article ci-dessus :

« V. — Des doutes s'étant élevés en Allemagne sur la portée des paragraphes 2 et 3 de l'article 32 de la loi du 5 juillet 1844, les plénipotentiaires français ont déclaré qu'il est expressément entendu :

« 1° Que les brevetés mentionnés dans l'article 10 de la convention additionnelle de ce jour, et qui ont commencé à exploiter leur invention en Alsace-Lorraine dans les délais légaux, seront considérés comme ayant mis en œuvre leur découverte sur le territoire français;

« 2° Que les mêmes brevetés ne seront passibles, en France, pour les brevets qui leur sont garantis, ni de la défense d'importation, ni de la déchéance édictée par les paragraphes 2 et 3 de l'article 32 de la loi précitée.

« Ils ont annoncé, en outre, que les titulaires de brevets français résidant en Alsace-Lorraine, seront libres de choisir les caisses publiques des villes frontières dans lesquelles il leur conviendrait de verser le montant des annuités dues au Trésor. »

Nous ajouterons que des doutes s'étant élevés sur le point

de savoir si les titulaires de brevets français délivrés avant le 2 mars 1871, qui désiraient conserver leurs droits en France et en Alsace-Lorraine, étaient tenus de payer l'annuité de 100 fr. dans chacun des deux pays, la question fut soumise à M. le ministre des affaires étrangères qui, à la suite de démarches faites par l'ambassadeur français à Berlin, répondit que « les propriétaires des brevets délivrés avant le 2 mars 1871 pourront conserver leurs droits dans l'Alsace-Lorraine sans payer un impôt au fisc allemand. »

Le payement de l'annuité en France suffit donc pour la conservation de cette catégorie de brevets, tant en France qu'en Alsace-Lorraine.

Le gouvernement allemand a conservé, pour l'Alsace-Lorraine, le régime de la loi française du 5 juillet 1844 sur les brevets d'invention. Il faut donc, pour garantir une invention dans ces provinces, présenter une demande spéciale, rédigée suivant les prescriptions de la loi française. L'une des descriptions doit être en langue allemande et l'autre en langue française.

AUTRICHE.

Le brevet couvre l'empire d'Autriche-Hongrie.

L'administration est devenue plus rigoureuse, relativement à la mise en exploitation des inventions pour lesquelles elle a accordé des brevets. Cette exploitation doit maintenant être constatée officiellement, et il est stipulé que la fabrication doit être effectuée dans le pays.

Le délai accordé pour la mise en exploitation est d'un an; mais on peut toujours le prolonger d'une seconde année, en en faisant la demande avant l'expiration de la première, si l'on peut prouver que l'invention a reçu un commencement d'exécution.

CANADA.

Une loi du 14 juin 1872, exécutoire depuis le 1er septembre suivant, accorde aux étrangers aussi bien qu'aux nationaux, le droit d'obtenir une patente au Canada pour toute invention qui n'est pas depuis plus d'un an en vente ou en usage public dans le pays, du fait ou du consentement de l'inventeur; il ne doit pas non plus exister de brevet étranger ayant plus d'un an de date au moment de la demande de patente au Canada.

Une patente ne peut être obtenue que par le ou les inventeurs véritables ou par les ayants-droit, et après serment devant le Consul.

Il n'est pas accordé de patentes pour les inventions dont l'objet est illicite, ni pour les principes purement scientifiques ou les théorèmes abstraits.

En cas de refus de la patente, le demandeur jouit d'un délai de six mois pour former opposition.

Quant à la nature des priviléges accordés par le Canada, elle est la même, aussi bien pour les inventions nées dans le pays que pour celles importées du dehors et pour les perfectionnements à une invention déjà patentée.

On peut former une demande de *caveat* ou dépôt provisoire. Ces demandes ne confèrent aucun privilége et sont tenues secrètes. Toutefois, s'il est fait une demande de patente pour une invention semblable, la personne qui a déposé le caveat doit en être informée par la commission des patentes si le caveat n'a pas plus d'une année de date, et elle jouit d'un délai de trois mois pour compléter sa demande de patente.

La durée des patentes est de 5, 10 ou 15 ans, à la volonté des demandeurs et avec faculté de prolongation jusqu'à cette dernière durée, si la demande n'a été faite que pour une durée moindre.

Toutefois, lorsqu'il a été demandé des brevets étrangers antérieurement, la patente canadienne prend fin avec celui de ces brevets qui expire le premier.

La date du privilége est celle de la délivrance.

Les taxes sont les suivantes :

Pour une patente de 5 ans..........	20 dollars.
— 10 ans..........	40 —
— 15 ans..........	60 —
Pour une prolongation de 5 ans.....	20 —
— 10 ans.....	40 —

Les pièces jointes à la demande doivent être préparées en double expédition. On doit fournir également un modèle ou des échantillons du produit; pour des raisons sérieuses et sur demande spéciale, l'inventeur peut être dispensé de l'obligation de fournir un modèle.

L'invention doit être mise en exploitation dans un délai de deux années; un nouveau délai peut être obtenu si l'inventeur prouve que des raisons de force majeure l'ont empêché de mettre son invention en exploitation.

Pendant la première année de son privilége, l'inventeur peut introduire de l'étranger des produits semblables à ceux pour lesquels il a obtenu sa patente.

Un patenté peut céder tout ou partie des intérêts attachés à sa patente, soit pour toute l'étendue du Canada, soit pour une portion du territoire. Cette cession doit être constatée par un acte qu'il faut faire enregistrer au bureau des patentes.

Le gouvernement du Canada a toujours le droit d'employer

une invention patentée, à la condition de donner à l'inventeur une indemnité qui est déterminée par un rapport du commissaire.

Une patente pourra être déclarée nulle :

1° Si la description est insuffisante ou fausse ;

2° Si l'exploitation n'a pas eu lieu dans les délais prescrits ;

3° S'il est introduit au Canada, après la première année du privilége, par le patenté ou son cessionnaire total ou partiel, des produits semblables à ceux garantis par sa patente.

ÉTATS-UNIS D'AMÉRIQUE.

Le règlement publié en mars 1873 par le *Patent Office* de Washington, pour l'obtention et la délivrance des patentes, ne change rien à la législation dans ses parties essentielles ; nous indiquerons toutefois les quelques points qui modifient ce que nous avons indiqué au tableau n° 2.

Plusieurs co-inventeurs peuvent être titulaires d'une même patente s'ils ont coopéré à l'invention, mais celui dont le rôle se borne à fournir le capital, n'est pas autorisé à joindre son nom à celui de l'inventeur. Toutefois, la demande de patente faite au nom de l'inventeur peut en mentionner la cession à un tiers ou à une collectivité dont peut faire partie l'inventeur ; la patente est alors délivrée au nom du ou des cessionnaires.

La date de la patente est déterminée par celle que porte la cédule délivrée à l'inventeur lors de l'octroi de sa patente ; elle n'est donc plus celle du dépôt de la demande comme l'indique le tableau. La date attribuée à la demande sera celle du dépôt *régulièrement effectué.*

Le *Patent Office* a adopté la photo-lithographie pour la reproduction et la publication des dessins qui accompagnent les patentes accordées. Il en résulte que les dessins joints aux demandes de patentes doivent être faits d'après des règles rigoureuses établies dans le but d'en faciliter la reproduction. Ainsi, ils doivent être tracés à l'encre noire, et toute teinte de couleur est proscrite; chaque feuille doit avoir 10 pouces anglais sur 15, être en papier fort et remise roulée et non pliée.

Une importante modification a encore été apportée à la réglementation des patentes aux États-Unis; elle consiste dans une décision en vertu de laquelle les inventeurs étrangers ne sont plus tenus de mettre leur invention en exploitation dans un délai déterminé, sous peine d'encourir la déchéance.

C'est là une modification très-avantageuse pour les étrangers, car souvent le délai de dix-huit mois, qui leur était antérieurement accordé pour la mise en œuvre, se trouvait insuffisant; ils étaient seuls soumis, d'ailleurs, à cette exigence, qui ne s'appliquait pas aux nationaux.

ÉTATS ROMAINS.

Par décret du 13 novembre 1870, la loi italienne sur les brevets d'invention a été étendue aux États-Romains, qui font maintenant partie du royaume d'Italie.

Voir pour les détails l'article consacré plus loin à l'Italie.

GRANDE-BRETAGNE

(ANGLETERRE, ÉCOSSE, IRLANDE).

La Grande-Bretagne délivre des protections provisoires de six mois, qui peuvent être transformées en patentes définitives par la notification qu'en fait le demandeur avant l'expiration du quatrième mois à partir de la date de la protection provisoire qu'il a obtenue.

En général, l'inventeur qui demande une protection provisoire en Grande-Bretagne croit pouvoir attendre jusqu'au délai de rigueur fixé par la loi, c'est-à-dire avant la fin du quatrième mois, pour notifier son intention de transformer sa patente provisoire en patente définitive. Ce mode de procéder présente de sérieux dangers, qui ont été mis en évidence par des arrêts récents de la Chambre de l'Échiquier. Ainsi, il a été jugé que lorsqu'une demande de protection provisoire a été présentée et accueillie pour une invention, et que le grand sceau (complément de la patente) n'a pas été demandé aussitôt qu'il était possible de le faire, s'il est présenté postérieurement par une autre personne et pour la même invention une demande de protection provisoire et que celle-ci soit scellée avant la première, elle prime l'autre demande. C'est donc la demande du grand sceau qui établit les droits à la priorité, et non pas la date du dépôt de la protection provisoire.

De ce qui précède on peut conclure que la disposition de la législation anglaise qui autorise le dépôt de demandes de protections provisoires, a moins eu en vue d'établir un droit de priorité en faveur de l'inventeur, que de lui permettre de compléter et de perfectionner son invention, — les certificats d'addition n'étant pas prévus par la loi, — le dépôt de la spécification définitive (mémoires et dessins) n'étant, dans tous les cas, exigé qu'à l'expiration des six mois de la protection provisoire.

Il en résulte que, pour conserver ses droits à la priorité de son invention et profiter en même temps du délai de six mois accordé par la loi pour la perfectionner, l'inventeur doit, aussitôt sa demande de protection provisoire accueillie, notifier son intention de compléter sa patente (*notice to proceed*), et, aussitôt que le délai de trois semaines pendant lequel les oppositions peuvent se produire est écoulé, il lui faut faire sceller sa patente. Il ne peut ainsi être devancé par un tiers et il n'en jouit pas moins des six mois de protection pour perfectionner son invention, puisque ses pièces définitives sur parchemin (mémoires et dessins), peuvent, comme nous l'avons dit, n'être déposées qu'un peu avant l'expiration du sixième mois.

HANOVRE.

Par suite de l'annexion du Hanovre à l'empire d'Allemagne, il n'y est plus délivré de brevets et la patente prussienne couvre le Hanovre.

HOLLANDE.

Une loi du 15 juillet 1869 a décidé qu'à partir du 8 août suivant, il ne serait plus délivré de brevets d'invention ni d'importation en Hollande.

Les brevets pris antérieurement continuent, d'ailleurs, à avoir force et valeur jusqu'à l'expiration de leur durée, et ceux demandés pour moins de 15 ans sont susceptibles d'être prolongés, conformément à l'ancienne loi.

Cette loi, qui régissait les brevets d'invention en Hollande, portait la date du 25 janvier 1817 ; on comprend donc que depuis longtemps elle avait cessé d'être en harmonie avec les besoins de l'industrie moderne ; aussi de nombreuses adresses s'étaient-elles produites pour demander qu'elle fût abolie ou révisée ; et le gouvernement, après avoir attendu plusieurs années pour prendre une décision, dans la pensée que la France, l'Angleterre et l'Allemagne ne pouvaient manquer de modifier incessamment leur législation sur le même sujet, s'est décidé à abolir les priviléges en ne voyant se produire, dans ces pays, aucune décision nouvelle, et en présence, d'ailleurs, du très-petit nombre de brevets qui étaient demandés en Hollande.

ITALIE.

Ainsi qu'il est dit plus haut, un décret royal du 13 novembre 1870 a étendu aux États romains la loi italienne sur les brevets d'invention.

Tous les brevets sollicités du gouvernement italien depuis le 1er janvier 1871 couvrent, en conséquence, les provinces romaines.

Les brevets italiens d'une date antérieure peuvent être étendus à ces provinces au moyen d'une demande spéciale.

Quant aux brevets qui avaient été délivrés pour les États romains par le gouvernement pontifical, le décret sus-mentionné enjoignait aux titulaires de les faire enregistrer à Turin dans le premier semestre de 1871, sous peine de déchéance.

Nous avons aussi à mentionner un décret antérieur (16 septembre 1869), spécifiant que chaque demande de brevet en Italie ne peut être accompagnée de plus d'une feuille de dessins, ayant les dimensions de l'un des trois types indiqués par le décret (0m, 15 sur 0m, 20 ; 0m, 20 sur 0m, 30 ; 0m, 30 sur 0m, 40, avec une marge de 0m, 05), et préférablement celles du plus restreint ; les figures, d'ailleurs, devant toujours être tracées à l'encre noire et à la plus petite échelle possible, sous peine de rejet de la demande. Ces mesures ont pour but de faciliter la reproduction des dessins par les procédés rapides, en vue de la plus prompte publication des brevets.

POLOGNE.

En vertu d'un décret de l'année 1867, les brevets russes couvrent maintenant la Pologne, et, par suite, il n'est plus nécessaire de former une demande de brevet spéciale dans ce dernier pays. (Voir Russie.)

PRUSSE.

Sauf la possibilité pour les étrangers d'obtenir directement un brevet sans recourir, comme avant 1865, au nom d'un citoyen prussien, aucune modification n'a encore été introduite dans la législation ni dans l'administration des brevets en Prusse ; mais la question y est depuis quelque temps vivement agitée, non-seulement dans les sphères officielles, mais plus encore, peut-être, dans le public. Il se manifeste de sérieuses tendances abolitionistes, tandis que d'autres voix s'élèvent, et principalement du sein des classes industrielles, en faveur du maintien de la loi des brevets, notablement et sagement modifiée.

En attendant, l'administration prussienne rejette impitoyablement à peu près toutes les demandes qui lui sont présentées, sans même, la plupart du temps, motiver suffisamment ses décisions.

Notons, en passant, que ces refus à peu près constants des demandes de brevets présentées, devront engager les inventeurs à apporter toute la réserve nécessaire à l'égard de propositions de vente de leurs inventions en Prusse, qui leur sont ordinairement adressées et qui servent à couvrir une spéculation basée sur la fréquence même de ces refus.

RUSSIE.

La Russie délivre des brevets en vertu de la loi du 22 novembre 1833 (art. 125-168, vol. II, du Code des lois du royaume).

En dehors de certaines modifications de formes récemment introduites (en mars 1870) dans le but de simplifier et d'accélérer la délivrance des brevets, les principaux changements apportés à la loi susdite sont les suivants :

1° Les brevets délivrés conformément à la loi de l'empire auront force et effet dans les gouvernements du royaume de Pologne, et se substitueront aux brevets spéciaux qui étaient antérieurement accordés à Varsovie pour ces provinces (16 février 1867).

2° Il ne sera pas accordé de brevets pour des inventions ou perfectionnements se rattachant à la guerre et à la défense du sol, comme les canons, les obus, les fusées et autres engins d'artillerie, les blindages de navires, les torpilles, les magasins à poudre, les tourelles, etc., dont l'usage exclusif est réservé au gouvernement.

Quant aux inventions et perfectionnements dont l'objet, bien qu'étant applicable à des usages militaires, est susceptible aussi d'un usage privé, comme les armes à feu portatives, les cartouches métalliques, les balles et autres accessoires de ces armes, il sera accordé des brevets pour ces inventions, mais sous la condition qu'ils n'empêcheront pas les administrations de l'armée et de la marine d'essayer les systèmes et de les employer aux usages militaires (22 avril 1868).

FRANCE. — DOCUMENTS OFFICIELS.

LOI DU 23 MAI 1868

Relative à la garantie des Inventions susceptibles d'être brevetées et des Dessins de fabrique qui seront admis aux Expositions publiques.

Art. 1er. Tout Français ou étranger, auteur soit d'une découverte ou invention susceptible d'être brevetée aux termes de la loi du 5 juillet 1844, soit d'un dessin de fabrique qui doive être déposé conformément à la loi du 18 mars 1806, ou ses ayants-droit, peuvent, s'ils sont admis dans une exposition publique autorisée par l'administration, se faire délivrer par le préfet ou le sous-préfet, dans le département ou l'arrondissement duquel cette exposition est ouverte, un certificat descriptif de l'objet déposé.

Art. 2. Ce certificat assure à celui qui l'obtient les mêmes droits que lui conférerait un brevet d'invention ou un dépôt légal de dessin de fabrique, à dater du jour de l'admission jusqu'à la fin du troisième mois qui suivra la clôture de l'exposition, sans préjudice du brevet que l'exposant peut prendre ou du dépôt qu'il peut opérer avant l'expiration de ce terme.

Art. 3. La demande de ce certificat doit être faite dans le premier mois, au plus tard, de l'ouverture de l'exposition.

Elle est adressée à la préfecture ou à la sous-préfecture et accompagnée d'une description exacte de l'objet à garantir et, s'il y a lieu, d'un plan ou d'un dessin dudit objet.

Les demandes ainsi que les décisions prises par le préfet ou par le sous-préfet sont inscrites sur un registre spécial qui est ultérieurement transmis au ministère de l'agriculture, du commerce et des travaux publics, et communiqué, sans frais, à toute réquisition.

La délivrance du certificat est gratuite.

PARIS. — J. CLAYE, IMPRIMEUR, 7, RUE SAINT-BENOIT — [412]

IMPRIMERIE J. CLAYE
RUE SAINT BENOIT 7
LABOR
PARIS

www.ingramcontent.com/pod-product-compliance
Ingram Content Group UK Ltd.
Pitfield, Milton Keynes, MK11 3LW, UK
UKHW012313240726
13966UKWH00005B/1840

9 782013 636254